# Автомобили и автоаксессуары

*Маленькие гаджеты, которые персонализируют роскошь...*

Автор:
**Оуэн Джонс**

Переводчик:
**Александр Гончар**

## *Авторские Права*

Опубликовано издательством:
Megan Publishing Services
http://meganthemisconception.com

Оуэн Джонс

Благодарим за покупку этой книги.

Существует много типов автомобилей, или машин, как любят их называть некоторые люди. Есть «семейные» модели, которые облегчают нашу повседневную жизнь и доставляют нас на работу и за покупками в магазины; затем есть рабочие лошадки - грузопассажирские автомобили, фургоны и грузовики, названные в честь животных, которых они заменили; и автомобили мечты... «Lamborghinis», «Maseratis», «Rolls-Royces» и тому подобное. Однако появился и новый класс – гибрид.

Концепция современных гибридных автомобилей с двумя двигателями сначала была встречена настороженно со стороны автомобильной промышленности и общественности. Стоимость была невероятной, а вес двух двигателей в одном автомобиле казался невозможным. Теперь мы знаем, чем это обернулось, но знаете ли вы, как долго человечество на самом деле использует гибриды?

# Автомобили и автоаксессуары

Вероятно, вы удивитесь, узнав, что гибридные автомобили были одними из самых первых автомобилей, выпущенных в девятнадцатом веке. Однако они не были мощными, а тем временем «могущественная нефть» искала свою нишу. Нефть в виде бензина и дизельного топлива в конечном счете вытеснила гибриды и проложила путь автомобильной промышленности на 150 лет.

Что касается автомобильных аксессуаров, то в природе человека свойственно настраивать под себя любую среду, где он проводит много времени, например, дома, на работе и, да, даже в машине. Мы вешаем разные безделушки на зеркало заднего вида, кладем предметы на полку около заднего ветрового стекла и добавляем любимые аксессуары на приборную панель. Так было всегда.

Надеюсь, что информация, содержащаяся в этом буклете, покажется вам полезной и даже приносящей прибыль. Она имеет отношение к только что упомянутым темам и разделена на восемнадцать глав примерно по пятьсот-шестьсот слов в каждой.

Я уверен, что она заинтересует людей, которые любят автомобили, технологии и автоаксессуары.

В качестве дополнительного бонуса я даю вам разрешение использовать данный контент на вашем веб-сайте или в ваших собственных блогах и информационных бюллетенях, хотя сначала вам следует переписать данный текст своими словами.

Если у вас есть какие-либо отзывы, я буду благодарен, если вы оставите их в компании, у которой вы приобрели эту книгу.

Еще раз спасибо за покупку этой книги, которая издана в мягком переплете, в виде электронной книги и аудиокниги.

С уважением,

Оуэн Джонс.

# Содержание

Оуэн Джонс

# *Гибридные Автомобили В Начале Двадцатого Века*

Вы, вероятно, были бы удивлены, узнав, что гибридные автомобили были с нами с самых первых дней автомобильной истории, но вы не удивитесь, узнав, что за последние десять лет технологии развивались семимильными шагами. Фактически, технологии в гибридных автомобилях достигли такого уровня, когда расход топлива в гибриде может быть вдвое меньше, чем в обычном автомобиле с двигателем внутреннего сгорания.

Вдвое меньший расход или даже еще меньший при определенных режимах движения, таких как вождение в городе, особенно в условиях интенсивного движения. Фактически, когда гибрид либо приводиться в движение электроприводом, либо когда останавливается и трогается с места в условиях интенсивного движения, расход бензина или дизельного топлива вообще отсутствует, а это означает, что вы путешествуете «бесплатно».

Я ставлю в скобки «бесплатно», потому что гибридный автомобиль по-прежнему существенно дороже автомобиля с традиционным двигателем. Однако, даже учитывая дополнительную стоимость гибридного автомобиля, вы можете «перекрыть» эту дополнительную цену в течение среднего срока службы автомобиля за счет экономии топлива. Естественно, чем выше цена на топливо, тем скорее вы окупите свои дополнительные первоначальные затраты, связанные с ценой гибрида при покупке.

Возможно, вы думаете, что производители гибридных автомобилей наживаются на водителях автомобилей, которые хотели бы внести свой вклад в охрану окружающей среды. Что ж, не только вы так думаете, но цена разработки гибридной технологии была и остается высокой, и кто-то должен платить за это.

Это вы и я, конечные пользователи. Что ж, это обычная практика, но в некоторых странах правительства поддерживают программы субсидирования частных лиц, которые покупают гибридный автомобиль, с целью сокращения выбросов углекислого газа в атмосферу.

Это означает, что сейчас самое подходящее время для покупки гибридного автомобиля.

Однако есть и другие причины, по которым гибрид является дорогостоящим. У гибрида действительно два двигателя. Гибрид имеет обычный двигатель внутреннего сгорания, работающий на традиционном топливе, а также электрический двигатель, работающий от дорогостоящих аккумуляторов. Дело не в том, что вам приходиться время от времени менять батарейки, как в случае с радиоприемником. Дело в том, что аккумуляторы стоят дорого, потому что это очень мощные перезаряжаемые устройства.

Технология подзарядки таких аккумуляторов также является новаторской. На таком автомобиле для подзарядки аккумуляторов используются не только традиционные генераторы переменного тока, - подзарядка также происходит за счет аккумулирования энергии при торможении автомобиля. Мало того, бортовой компьютер автомобиля автоматически переключает два двигателя в зависимости от мощности, необходимой водителю.

Следите за рынком гибридных автомобилей, поскольку цены снижаются, а в сочетании с субсидиями момент для покупки гибридного автомобиля может наступить раньше, чем вы думаете.

Оуэн Джонс

# *Гибридные Автомобили - Транспортные Средства Будущего*

В английском языке появилось новое значение слова гибрид. Не так давно, если бы вы услышали фрагмент разговора, содержащий слово «гибрид», вы бы предположили, что оно относится либо к розе, как «гибриду F1», либо, возможно, к разновидности волкодавов. Однако в наши дни, когда кто-то произносит слово «гибрид», скорее всего, имеется в виду транспортное средство.

Новый тип автомобиля, который имеет два двигателя и сжигает гораздо меньше бензина или дизельного топлива, чем его предшественники, потому что он создан по современной технологии. Идея создания гибридного автомобиля вовсе не нова. Одним из первых автомобилей, появившихся более ста лет назад, был гибрид. Фактически, этот ранний гибридный автомобиль также работал на бензине и электричестве от аккумуляторов.

Современные гибридные транспортные средства также используют в качестве источников энергии производные нефти и электроэнергию, хранящуюся в аккумуляторах. По сути, гибридный автомобиль будет использовать свой бензиновый двигатель, когда водителю требуется мощность, например, при обгоне или подъеме в гору, но он автоматически переключится на электродвигатель, когда автомобиль наберет крейсерскую скорость или будет пробираться в городском потоке.

Переключение с одного привода на другой происходит автоматически и плавно. Водитель может быть осведомлен о таком переключении, но не обязан инициировать это переключение или даже одобрять его.

Большинство гибридных автомобилей выключаются сами по себе, когда автомобиль останавливается, и снова включаются при нажатии на акселератор. Одна только эта функция позволяет значительно экономить топливо. В пробке автомобиль в любом случае почти наверняка использует электродвигатель с питанием от аккумуляторных батарей, поэтому его очень легко остановить и завести.

Гибридный автомобиль может быть подключен к электросети для подзарядки аккумуляторов, что иногда может быть необходимо, если автомобиль застрял в пробке на значительную часть недели. Однако, если вы ездите на большие расстояния и в городе, то есть используете свой гибридный автомобиль сбалансированно, автомобиль будет подзаряжать аккумуляторы самостоятельно - в основном за счет использования генераторов переменного тока и тормозной системы.

Надежды правительств, защитников окружающей среды и водителей связаны с более широким использованием гибридных автомобилей, и вот несколько причин, почему:

1) если бы топливная экономичность американских автомобилей была повышена на одну милю на галлон, это позволило бы сэкономить весь объем нефти, добываемой в течение двух лет в Арктическом национальном заповеднике дикой природы.

2) США вообще не пришлось бы импортировать нефть из Кувейта или Ирака, если бы эффективность двигателя была повышена на 2,7 мили на галлон израсходованного топлива

3) если бы топливная экономичность автомобилей в США была повышена на 7,6%, то им вообще не пришлось бы импортировать нефть из Персидского залива.

Гибридные автомобили, как правило, экономят более 7,6% на потреблении нефтепродуктов, поэтому распространение гибридных легковых автомобилей и гибридных грузовиков могло бы разрешить топливный и экологический кризисы, с которыми сталкиваются западные страны, и устранить нашу зависимость от арабской нефти.

Оуэн Джонс

## *Как Работают Гибридные Автомобили?*

По сути, гибридные электромобили имеют два двигателя: обычный бензиновый или дизельный (такой же, какой вы увидите в любом современном автомобиле) и электрический двигатель на аккумуляторах, которые вы можете найти под капотом молоковоза или на вилочном погрузчике. Волшебное отличие заключается в том, что бортовой компьютер автомобиля определяет, какой двигатель необходим для подачи мощности, необходимой водителю, и включает его.

Поэтому, если вы разгоняетесь до крейсерской скорости при движении по шоссе; поднимаетесь в гору или совершаете обгон, автомобиль, вероятно, будет работать на жидком топливе, но затем, когда вы отпустите педаль акселератора, скажем, при движении по автостраде; при спуске с другой стороны холма или при движении в условиях интенсивного движения, компьютер выключит двигатель на жидком топливе и включит электрический двигатель.

Электрический двигатель можно считать автономным, поскольку он работает от аккумуляторов, которые подзаряжаются автомобилем во время движения на бензине или дизельном топливе и в некоторые другие моменты, например, при торможении (а генераторы переменного тока подзаряжаются в обоих режимах). Вам никогда не придется подзаряжать аккумуляторы вашего автомобиля на ночь, как это происходит с вилочными погрузчиками.

По сути, существует два типа гибридных автомобилей: полугибриды и полные гибриды.

Полугибриды имеют одинаковую компоновку: два двигателя, один работает на жидком топливе, а другой — на электричестве, но электродвигатель не способен приводить автомобиль в движение самостоятельно. Он предназначен для того, чтобы «помогать» бензиновому или дизельному двигателю.

В этом типе гибрида электродвигатель выступает в качестве «вспомогательного» двигателя. Полугибриды позволят сэкономить деньги на топливе, но пока автомобиль движется, вы постоянно сжигаете топливо.

Главное отличие, когда речь заходит о полноценном гибриде, заключается в том, что оба двигателя способны приводить автомобиль в движение независимо друг от друга. Пока вы двигаетесь на электричестве, вы работаете с нулевыми затратами для своего кошелька и с нулевыми затратами для окружающей среды, если только вы на самом деле не толкаете машину, и тогда оба двигателя могут работать вместе.

Переключение с одного привода на другой производится автоматически, без какого-либо вмешательства со стороны водителя. Например, в случае с Prius это замечательное достижение достигнуто благодаря тому, что Ford называет гибридным синергетическим приводом. У других фирм есть свой эквивалент такого привода.

Чтобы получить максимальную отдачу от владения полным гибридом, вы на самом деле должны совершать «среднее количество» поездок в «средних» или «смешанных» условиях. Например, если вы едете в пробке, автомобиль захочет использовать электрический двигатель, но если все, что вы делаете, - это движетесь в городских пробках, аккумуляторы скоро разрядятся, и вы все время будете ездить на жидком топливе, что как бы сводит на нет основную причину, по которой стоит потратить больше денег на приобретение гибрида.

Автомобилю необходимо передвигаться по загородным автомагистралям, чтобы подзарядить свои аккумуляторы и использовать их по возвращении в город. Если вы ездите только в городском потоке, вам, возможно, лучше приобрести скромную малолитражку.

Оуэн Джонс

## *Кондиционеры В Автомобилях*

Заоблачные цены на нефть, экономический спад и угроза безработицы означают, что большинство водителей ищут способы уменьшить количество топлива, которое они сжигают в своих автомобилях. Есть различные способы, которые вы можете использовать, чтобы сократить свои счета за топливо, и это не потребует каких-либо дорогостоящих доработок вашего автомобиля. На самом деле, это вообще не повлечет за собой никаких изменений.

Первое, что нужно понять, это то, что топливные присадки не работают. Доказано, что ни одна из них не работает. С другой стороны, хорошо настроенный двигатель будет работать с максимальной топливной экономичностью. Эту опцию проще всего включить в процесс ежегодного обслуживания вашего автомобиля.

Еще один способ сэкономить топливо - не разгоняться быстро и не тормозить резко. Старайтесь ехать плавно и не превышать скорость 60 миль в час. Пятьдесят шесть миль в час - самая экономичная скорость движения для многих современных автомобилей.

Однако самый простой способ сэкономить деньги при вождении вашего автомобиля — это полностью отключить систему кондиционирования воздуха. Вы, наверное, уже заметили, что ваш автомобиль медленнее реагирует при нажатии на педаль акселератора, когда у вас включен кондиционер. Это происходит потому, что двигатель вашего автомобиля приводит в действие колеса и систему кондиционирования воздуха. Другими словами, двигатель вашего автомобиля приводит в действие два двигателя одновременно, разделяя свои ресурсы.

Поэтому вам следует избегать использования системы кондиционирования воздуха вашего автомобиля, если только она вам действительно не нужна. Хорошей заменой является открытие люка на крыше автомобиля, которое не вызовет слишком сильного сквозняка.

Дополнительный солнечный свет также бодрит. Лично мне нравится, когда мое окно опущено, когда я за рулем, хотя я осознаю, что если на заднем сиденье автомобиля есть пассажиры, то это может создать для них неудобство из-за сильного сквозняка.

Если у вас на заднем сиденье нет пассажиров и вы все равно не хотите слишком сильного сквозняка, вы можете открыть заднее стекло, чтобы снизить температуру в вашем автомобиле.

Система кондиционирования воздуха в автомобиле — это находка, если вы можете позволить себе ее использовать, но это также ненужная роскошь, если вы хотите немного сэкономить на топливе. Некоторые статистические данные показывают, что использование кондиционера в автомобиле может стоить от 5% до 10% ваших расходов на топливо, если вы медленно движетесь в пределах городской черты. Меньше, если вы быстро едете по шоссе.

Выключение кондиционера - самый простой способ сэкономить на расходах на топливо. Многие системы охлаждения автомобилей по-прежнему оснащены вентиляторами, причем очень мощными. Нет необходимости поджариваться только потому, что вы выключили кондиционер в автомобиле.

Оуэн Джонс

# *Гибридные Легковые Автомобили И Гибридные Грузовики*

Топливо, которое приводит в действие большинство легковых и грузовых автомобилей, а также мотоциклы и самолеты, является одним из самых непредсказуемых товаров на рынке. Нефть и бензин не только дорожают, но и кризисы на Ближнем Востоке угрожают перебоями в поставках.

Такое положение дел вызывает большую тревогу как у отдельных людей, так и у правительств. По мере роста цен на нефть граждане жалуются и обвиняют правительство, а растущая цена на нефть влияет на стоимость жизни и платежный баланс.

Вдобавок ко всему, экологические организации единодушны в том, что потребление ископаемого топлива, в том числе нефти, является основной причиной деградации окружающей среды и, как следствие, исчезновения видов. Возможным решением всех этих проблем является разработка двигателя другого типа, который не сжигает так много нефтепродуктов. Введение в гибридный двигатель.

Все ведущие автопроизводители заняты производством энергоэффективных гибридных автомобилей. Ford, Honda и Toyota находятся на переднем крае создания стильных автомобилей с гибридными двигателями, работающими на бензине и электричестве. На самом деле, автомобиль, по сути, имеет два двигателя, которые совместно используют механизм для передачи мощности на колеса.

Эти автомобили используют бензин, когда требуется подзарядка аккумуляторов или когда автомобилю требуется дополнительная мощность, скажем, для обгона или движения в гору, но они автоматически выключают бензиновый двигатель и включают электрический, когда электричество может обеспечить достаточную мощность для достижения того, что вам нужно от автомобиля, например, для движения в городском потоке или в обычном режиме неторопливой езды. Аккумуляторы заряжаются от бензинового двигателя, а также при торможении и подключении их к электросети.

Очевидно, что грузовики потребляют гораздо больше бензина, чем легковые автомобили, и поэтому потенциал экономии намного выше. Трудность заключается в том, что электродвигатели на самом деле недостаточно мощны, чтобы полностью заменить бензиновый двигатель, если для управления полностью загруженным грузовиком требуется большая мощность.

Это может «помочь», то есть снизить нагрузку на бензиновый двигатель, тем самым экономя часть затрат, но может ли это сэкономить достаточно топлива, чтобы оправдать его относительно высокую стоимость? Это большой вопрос для всех владельцев грузовиков. Однако технология быстро совершенствуется, и, вероятно, однажды это произойдет.

Опять же, так называемая «большая тройка» (три крупнейшие автомобильные корпорации) делает все возможное, чтобы конкурировать на этом потенциально высокорентабельном рынке.

Производители убеждены, что если бы они смогли создать гибридные двигатели, которые были бы достаточно мощными, чтобы тянуть полностью загруженный грузовик на хорошей скорости, то владельцы грузовиков покупали бы их, чтобы сэкономить на своих разорительных счетах за топливо.

Это, наряду со снижением стоимости гибридных автомобилей, является ключом к снижению зависимости страны от импортируемой нефти. Если вы не слишком обеспокоены высокой стоимостью покупки гибридного автомобиля, то вам следует приобрести его просто для того, чтобы внести свой вклад в охрану окружающей среды, но если вы хотите приобрести его, чтобы сэкономить на расходах на топливо, вам придется достать калькулятор и все тщательно подсчитать.

Оуэн Джонс

## *Гибридные Автомобили И Городская Жизнь*

Существует множество причин, по которым вам может понравиться гибридный автомобиль. Возможно, вам нравится гибридный автомобиль, чтобы сократить ваши постоянно растущие расходы на бензин; чтобы уменьшить ваше личное воздействие на окружающую среду; или вы просто хотите получить удовольствие от вождения автомобиля, который находится на переднем крае технологий. Очевидно, что это также может быть вызвано сочетанием всех трех причин.

Гибридные автомобили существуют уже около десяти лет, и поэтому технология довольно хорошо развита. Следует иметь в виду, что гибриды не являются автомобилями с высокими динамическими характеристиками в традиционном смысле этого слова. С точки зрения характеристик автомобилей,                    слово «производительность» обычно означает «высокая скорость», но гибридные автомобили являются автомобилями с высокими характеристиками, потому что они экономят более восьми процентов на расходах на топливо.

Они добиваются такой экономии в основном за счет использования двух двигателей. Один двигатель представляет собой обычный двигатель внутреннего сгорания (ДВС), а другой - электродвигатель. Оба двигателя передают свою мощность на колеса с помощью одних и тех же механических средств. ДВС вырабатывает электроэнергию и подает ее на аккумулятор, как это делает любой автомобиль, однако гибридный автомобиль может использовать эту энергию аккумулятора и для привода автомобиля в движение.

Электричество вырабатывается генераторами переменного тока и тормозной системой. Рекуперативное торможение обеспечивает аккумуляторы большим количеством энергии. На самом деле, настолько, что при нормальных условиях вождения аккумуляторы не нужно заряжать от электросети.

«Ранние» гибриды использовали электродвигатель просто в качестве «вспомогательного средства». Другими словами, когда бензиновому двигателю обычно требуется увеличить обороты, чтобы обеспечить достаточную мощность для обгона или подъема в гору, электродвигатель включается, чтобы помочь ему, тем самым экономя топливо, но бензиновый двигатель эффективно работает все время. Это своего рода «наполовину гибрид». Honda Insight была одной из таких.

Однако полноценный гибрид будет использовать один, другой или оба двигателя, в зависимости от того, как его компьютер наилучшим образом интерпретирует требования к мощности в условиях вождения. Водителю не нужно принимать никаких решений, двигатели плавно включаются и выключаются автоматически бортовым компьютером автомобиля. Примерами такого рода полноценных гибридов являются Toyota Prius и Ford Escape Hybrid.

Хотя большинство людей считают гибриды новой технологией, первый гибридный автомобиль был выпущен более ста лет назад. Современным гибридам около десяти лет, и технология быстро совершенствуется. Однако, что действительно должно произойти сейчас, чтобы гибриды оказали реальное влияние на количество потребляемой Западом нефти, так это снижение цен.

И цены — это то, что действительно меня расстраивает. Гибридные автомобили слишком дороги для среднестатистического водителя. Если бы производители снизили цены на автомобили, больше людей смогли бы их приобрести, что в свою очередь стимулировало бы экономику и уменьшило дефицит платежного баланса, не говоря уже о влиянии меньшего количества ископаемого топлива на окружающую среду.

Оуэн Джонс

# *Гибридный Электрический Двигатель*

Вы когда-нибудь задавались вопросом о гибридных автомобилях? Они, безусловно, выглядят стильно и современно, но что в них такого, что делает их такими необычными и неординарными? В конце концов, в наши дни многие автомобили выглядят одинаково, не так ли? Все они спроектированы компьютером так, чтобы быть аэродинамичными, а аэродинамика есть аэродинамика, поэтому все они в конечном итоге выглядят неотличимыми для любого, кто не является поклонником автомобилей.

Что ж, дело в том, что различие между гибридным автомобилем и обычным автомобилем находиться под капотом. Существуют также различные типы гибридных транспортных средств, но наиболее распространенный вид имеет гибридный электрический двигатель. Таким образом, можно сказать, что то, что отличает гибридные автомобили от большинства других обычных автомобилей, — это их двигатель.

Или, точнее, двигатели, потому что гибридные электромобили, по сути, имеют два двигателя. Один из них, двигатель внутреннего сгорания, работает на бензине, сжиженном газе или дизельном топливе, а другой, электродвигатель, работает от электроэнергии, запасенной в блоке мощных аккумуляторов. С другой стороны, обычные автомобили оснащены только двигателем внутреннего сгорания. Это хорошая идея - исследовать эти два типа двигателей по отдельности.

Прежде всего, электродвигатель. Электрическая энергия вырабатывается различными компонентами автомобиля и накапливается в большом аккумуляторе или блоке мощных аккумуляторов. Электричество вырабатывается за счет вращения двигателя внутреннего сгорания, как и в обычном автомобиле, когда он используется, а также за счет вращения колес и/или тормозной системы автомобиля. В разных моделях используются разные методы создания этого электричества, но все они очень высокотехнологичны и очень эффективны.

Когда внутренние компьютеры автомобиля решают, что автомобилю больше не нужна мощность двигателя внутреннего сгорания, он выключает его и переключается на электродвигатель. Это может произойти, например, при медленном движении в пределах города, при движении на умеренной скорости по ровной автостраде или при спуске с холма. Это позволяет сэкономить значительное количество топлива, что, несомненно, является большой экономией для вас.

Однако бывают случаи, когда вам требуется больше энергии, чем могут дать аккумуляторы, например, при резком ускорении, обгоне или подъеме на холм. В такие моменты электродвигатель выключается, а двигатель внутреннего сгорания включается и начинает подавать мощность на акселератор, а также подзаряжать аккумуляторы. Когда потребность в дополнительной мощности отпадает, аккумуляторы снова подают питание на электродвигатель.

Все эти решения принимаются бортовой компьютерной системой гибридного электромобиля, и вы не заметите ничего, кроме скачка мощности или снижения шума двигательной установки. В большинстве случаев это работает очень хорошо, но некоторые водители хотели бы иметь возможность перехода на ручное управление в нестандартных условиях, таких как холмистый ландшафт.

В целом, автомобили с гибридными электрическими двигателями существенно сокращают расходы на топливо, но они по-прежнему слишком дороги, чтобы быть чем-то большим, чем просто навороченной игрушкой и бальзамом для совести богатых.

Оуэн Джонс

## Как Управлять Бизнесом По Аренде Свадебных Автомобилей?

Вы когда-нибудь задумывались о том, чтобы управлять компанией по сдаче в наем свадебных автомобилей? Хотя это может быть довольно сложно, так как вы не хотите никого подводить в их знаменательный день, но это также интересно и захватывающе.

Некоторые из преимуществ заключаются в том, что вы получаете в собственность красивые автомобили - например, Rolls Royce или Bentley, и они не облагаются налогом; вы знакомитесь с новыми людьми в одни из самых счастливых для них дней, и вы в состоянии помочь им провести идеальный день свадьбы.

Это очень требовательная отрасль, потому что вы всегда должны учитывать требования ваших клиентов и думать о том, как вы можете реализовать и улучшить их пожелания. Это достаточно сложно, но вы также должны оставаться конкурентоспособными. Надеюсь, что приведенные ниже советы окажутся полезными.

1] Позаботьтесь об условиях хранения ваших автомобилей. Если вы можете позволить себе поставить их в гараж, они не будут собирать пыль и птичий помет, поэтому лакокрасочное покрытие дольше будет выглядеть лучше. Подъездная дорожка к вашему гаражу не должна быть покрыта гравием - щебень может стать причиной повреждения кузова ваших автомобилей.

2] Приобретите один или два действительно красивых автомобиля. Вам нужно будет провести небольшое исследование, чтобы выяснить, что нравится парам в вашем регионе, но, как правило, Rolls Royce или Bentley — беспроигрышный вариант. Или, может быть, длинный лимузин. Старые автомобили тоже хорошо зарекомендовали себя. Пополняйте свой автопарк шаг за шагом, но все больше и больше. Предлагайте своим клиентам столько возможностей выбора, сколько вы реально можете себе позволить.

Многим свадебным парам понадобится не только свадебный автомобиль, но и транспорт для гостей. Многие из них хотят, чтобы в день их свадьбы были лимузины или старые автомобили. Но для гостей требуется много других автомобилей. Будьте гибкими и согласитесь украсить автомобили цветами и лентами в соответствии с пожеланиями пары.

2] Наймите хороший, отзывчивый персонал. Полностью обученный шофер — это необходимость, но шофер в стиле милитари может улучшить имидж вашей фирмы.

3] Хорошей идеей будет предложить различные пакеты или элементы, которые пара может использовать для создания пакета. Итак, вы можете предложить транспорт от дома невесты до церкви как один из элементов. Из церкви в ресторан, как еще один элемент, а оттуда в выбранный отель, аэропорт или на железнодорожный вокзал, как еще один элемент.

4] Убедитесь, что ваши клиенты точно знают, как долго они будут единолично пользоваться автомобилями. Для них это полезно, так как они точно знают, сколько времени им нужно, чтобы сфотографироваться, поесть или пообщаться.

Транспорт играет огромную и жизненно важную роль в праздновании любой свадьбы. На самом деле, несвоевременная или плохо организованная транспортировка может испортить день свадьбы. Если вы позволите этому случиться, репутация вашей фирмы сильно пострадает, особенно в городе или деревне. Вам потребуется высокое чувство ответственности; надежный, хорошо обученный, чуткий персонал и высококачественные автомобили, которые выглядят соответствующе. Популярны свадебные автомобили белого цвета, но допустимы и другие цвета, особенно для гостей.

Оуэн Джонс

# Краткая История Гибридных Автомобилей

Первая проблема при определении того, какой автомобиль был первым гибридным, заключается в том, что означает термин «гибридное транспортное средство». Например, баржу, которую тянет лошадь по течению канала, можно рассматривать как гибридное транспортное средство. Однако большинство людей в наши дни согласятся с тем, что настоящее гибридное транспортное средство использует «перезаряжаемую энергоаккумулирующую систему» или ПЭАС.

Например, это могло бы определить транспортное средство, использующее один вид силовой установки, такой как двигатель внутреннего сгорания в качестве основного вида силовой установки, в то время как этот же двигатель заряжает аккумуляторы, которые также могут использоваться для питания электрического двигателя.

Я уверен, что более 90% людей будут удивлены, услышав, что история гибридных транспортных средств почти такая же долгая, как история самих автомобилей. Porsche - хорошо известная марка дорогих спортивных автомобилей, в 1898 году Фердинанд Порше, молодой чешский студент, сконструировал одноцилиндровый двигатель внутреннего сгорания Loher-Porsche.

Однако этот двигатель использовался для приведения в действие электрогенератора, электроэнергия от которого использовалась для питания электродвигателей, которые были прикреплены к каждому из четырех колес. В этом случае бензиновый двигатель использовался просто для выработки электроэнергии для электродвигателей.

Этот ранний гибрид был представлен на Всемирной выставке в Париже в 1900 году и был способен развивать скорость 35 миль в час (56 км/ч). В 1901 году Порше сам управлял им, чтобы выиграть ралли Эксельберг. В конечном счете было продано более 300 единиц этого примитивного гибридного автомобиля. О массовом производстве тогда еще не думали, и богатые люди все еще скептически относились к новой, дурно пахнущей технологии.

1959 год стал следующей вехой в истории гибридов, потому что бензин был недорогим, и немногие люди, если таковые вообще были, предвидели будущее мира и возможное воздействие на окружающую среду. Как бы то ни было, был разработан автомобиль Henney Kilowatt, на котором использовались первые транзисторы того времени для управления электрическим током. Это был настоящий предшественник современных гибридных автомобилей.

Одним из разработчиков Henney Kilowatt был Виктор Ваук, он был вовлечен в процесс разработки экспериментальных электромобилей в шестидесятых и семидесятых годах. Иногда его называют крестным отцом гибридных автомобилей.

Весьма примечательно, что система рекуперативного торможения, используемая современными гибридами для подзарядки аккумуляторов, была изобретена в 1978 году инженером-электриком Дэвидом Артурсом.

Затем это продолжалось до тех пор, пока в 1993 году президент Билл Клинтон не выступил с инициативой о создании Партнерства для производства автомобилей нового поколения. В нем участвовали Министерство энергетики, компании Chrysler, Ford, GM и еще одна или две компании. Дж. У. Буш заменил эту программу своей собственной инициативой Freedom Car в 2001 году.

Эта инициатива была направлена на субсидирование чрезвычайно рискованных или сложных проектов по разработке гибридных автомобилей. Нам потребовалось более 100 лет, чтобы обновить первоначальную гибридную концепцию, и мы сделали это только потому, что были вынуждены это сделать.

Оуэн Джонс

# Современные Спортивные Автомобили

Спортивные автомобили впечатляют, не правда ли? Но концепция спортивных автомобилей для широкой публики еще не существовала в момент зарождения современной автомобильной промышленности. На самом деле, концепция современных спортивных автомобилей довольно нова. Именно итальянскому производителю Энцо Феррари пришла в голову эта идея, и в 1929 году он выпустил первый спортивный автомобиль для широкой публики.

Энцо Феррари был пионером индустрии современных спортивных автомобилей, но вскоре это стало популярным, поскольку богатые люди по всему миру хотели иметь особенный, быстрый автомобиль, чтобы выделиться среди широкой публики, которая все еще не может позволить себе новые современные спортивные автомобили.

Современные спортивные автомобили Ferrari известны во всем мире. Люди очарованы дизайном спортивных и гоночных автомобилей Ferrari. Ferrari участвует в гонках Формулы-1 с момента ее основания и является самой популярной гоночной командой всех времен. В команду Ferrari входили такие знаменитые гонщики, как Михаэль Шумахер и Альберто Аскаи, которые быстро стали популярными.

Флагманом спортивных автомобилей Ferrari является F430, представляющий собой двухместное купе. Он постоянно совершенствуется и модернизируется. Недавно он претерпел глубокую модернизацию и теперь является самым востребованным современным спорткаром года. Он не только исключительно красив, но и обладает отличными эксплуатационными характеристиками. Ценник очень приемлемый для автомобиля такого качества. Однако при цене в 160 000 долларов с лишним большинство людей не могли позволить себе новый комплект шин для него.

Самой последней моделью Ferrari является кабриолет Superamerica с жестким съемным верхом, который продается примерно за 300 000 долларов. Он мгновенно стал востребованным, когда появился в автосалонах Ferrari по всей Америке. Он оснащен устрашающе мощным двигателем V12, который обеспечивает невероятно высокие динамические характеристики. Его двигатель разработан на базе двигателей для гоночных автомобилей Формулы-1 и оснащен переключателями передач на рулевом колесе.

Крыша Superamerica эффектна и практична. Она изготовлена из электрохромного стекла и углеродного волокна и ее можно снять, чтобы за считанные минуты превратить Superamerica из элегантного купе в спортивный автомобиль с открытым верхом. Superamerica с откидным верхом - один из самых красивых современных спортивных автомобилей на планете.

В 1997 году компания Ferrari приобрела другую ведущую компанию по производству спортивных автомобилей - Maserati. С тех пор производительность производственных линий Maserati и признание ее автомобилей быстро выросли. Публика просто не может насытиться современными спортивными автомобилями Maserati, такими как Quattroporte за 95 000 долларов и кабриолет Spyder GT, который стоит очень доступные 83 000 долларов.

Есть и другие производители современных спортивных автомобилей, такие как Dodge с его Viper, Chevrolet с его Corvette, Lamborghini и Murcielago, а также Porche с его Boxter и Carrera стоимостью 440 000 долларов.

Если вы не можете позволить себе ни один из этих современных спортивных автомобилей, вы можете купить компонентный автомобиль. С помощью комплекта деталей автомобиля, предназначенных для самостоятельной сборки, вы можете снять корпус относительно дешевого спортивного автомобиля, такого как Boxter, и заменить его точной копией кузова, скажем, Lamborghini Murcielago из стекловолокна.

Оуэн Джонс

# *Престижность Владения Итальянским Спортивным Автомобилем*

Независимо от того, интересуетесь ли вы автомобилями или нет, смотрите ли вы гонки на спортивных автомобилях или нет, и даже умеете ли вы водить машину или нет, вы, вероятно, слышали о некоторых фантастических итальянских спортивных автомобилях. Всемирно известные марки, такие как Ferrari, Lamborghini, Bugatti, Alpha Romeo и Maserati. Эти знаменитые итальянские спортивные автомобили одинаково хорошо известны как на гоночных трассах, так и за их пределами.

Упомянутые гоночные автомобили известны своим дизайном, скоростью и стоимостью. Каждый хотел бы иметь такую, но большинство из нас не могут позволить себе даже новый комплект шин, не говоря уже о страховке. Несмотря на все это, нет никаких сомнений в их стиле и сексуальной привлекательности. Они выглядят и даже звучат просто потрясающе.

Эти спортивные автомобили являются идеальными гоночными автомобилями, но на них также можно ездить по улицам. То есть, на них можно ездить по приличным дорогам. Вы не сможете проехать на Ferrari ни по одной старой улице, потому что Ferrari и некоторые другие модели, такие как Lamborghini, имеют очень низкую посадку.

Они находятся всего в нескольких дюймах от земли, что придает им лучшие аэродинамические качества. К сожалению, это также приводит к тому, что они страдают от наличия камней и плохого дорожного покрытия.

Так что, если в вашей части мира дорожное покрытие плохое, вы можете забыть о том, чтобы владеть одним из этих действительно быстрых и обтекаемых суперкаров. Maserati выпускает великолепный седан, на котором можно ездить по обычным улицам в любой точке мира. Это очень элегантный автомобиль, но он выглядит более обычно, чем спортивные автомобили с низкой посадкой.

Одним из самых привлекательных и редких автомобилей является Enzo Ferrari, названный в честь создателя компании. Это, должно быть, один из лучших автомобилей Ferrari, не так ли? На нем указано имя владельца, так что вы ожидаете только самого высокого качества. Опыт, использованный при его проектировании и производстве, не имеет себе равных, а кузов изготовлен из углеродного волокна.

Lamborghini также является результатом мечты одного человека. Ферруччо Ламборгини раньше производил тракторы и другое оборудование, такое как кондиционеры, пока не скопил достаточно денег, чтобы осуществить свои детские мечты о создании роскошных спортивных автомобилей.

Сейчас завод Lamborghini в северной Италии производит около 3000 автомобилей в год, в основном только двух моделей: родстер и купе V10 Gallardo, прозванные «Малыш Ламбо», и родстер и купе V12 Murcielago, которые являются флагманской моделью.

Предыдущими моделями Lamborghini были Diablo и Countach. Diablo был самым быстрым серийным автомобилем в 1990 году, а Countach - самым популярным автомобилем Lamborghini всех времен.

Maserati также был семейным увлечением. Все пятеро братьев Мазерати работали в фирме по производству гоночных автомобилей, которая закрыла свое гоночное подразделение, поэтому пятеро братьев уволились и начали производить свои собственные гоночные автомобили.

В наши дни спортивные автомобили Maserati по-прежнему больше похожи на гоночные, но они созданы для езды по обычным дорогам.

Компания Bugatti была основана во Франции, но итальянцем-эмигрантом. Компания прекратила массовое производство автомобилей, но время от времени выпускает спортивные суперавтомобили ограниченной серией.

Оуэн Джонс

# Разница Между Формулой D И Гонками На Серийных Автомобилях

Если у вас есть хоть малейший интерес к автоспорту, вы наверняка слышали о гонках на серийных автомобилях. Термин «серийный автомобиль» просто относится к тому факту, что такие автомобили раньше стояли в местных гаражах. Таким образом, гонки на серийных автомобилях включают в себя гонки «Нэскар» и гонки на грунтовых трассах. Это наиболее распространенные разновидности гонок на серийных автомобилях, но есть и другая, гораздо менее известная. Эта гонка называется Формулой D или Формулой Дрифта.

Многие полагают, что, поскольку в Формуле D используются автомобили, аналогичные другим гонкам серийных автомобилей, Формула D также является разновидностью таких гонок. Хотя у этих видов спорта есть некоторые общие черты, помимо типов автомобилей, которые они используют, на самом деле они совершенно разные. Однако все они подпадают под категорию автогонки или автоспорт.

В большинстве автогонок способность автомобиля двигаться быстро и талант водителя побуждать его двигаться быстро являются наиболее важными факторами для победы в гонке. Однако в Формуле D или Формуле Дрифта наиболее важным является умение водителя управлять заносом, хотя машины также могут быть действительно потрясающими при мощности от 200 до 600 л.с.

Дрифтинг и гонки на серийных автомобилях также обычно проходят на различных площадках. Гонки на серийных автомобилях почти всегда проходят на стадионе, а точнее - на гоночной трасе. Формула Дрифта обычно проходит на асфальте, иногда на грунтовой дороге, но она также может проходить на парковке или пустынной улице. Если дрифтеры используют стадион, они вряд ли будут использовать всю длину трассы.

Победителем в обычных гонках на серийных автомобилях становится тот, кто пересечет финишную черту быстрее всех. В Формуле D это не так, поскольку здесь нет финишной черты как таковой. О дрифтерах судят по их способности к дрифту или выполнению заноса, а также по их способности контролировать этот дрифт. Они должны выполнять это на скорости и при этом оставаться на «трассе».

Это означает, что дрифтер должен обладать очень высоким уровнем контроля над своим автомобилем, как и любой другой автогонщик, но набор навыков несколько отличается. Все водители должны уметь контролировать занос, особенно случайный, но дрифтеры должны уметь делать это стильно и с размахом.

Единственным недостатком, с точки зрения зрителей, является то, что соревнования в рамках Формулы Дрифта проводятся довольно редко по сравнению с соревнованиями на серийных автомобилях. Очень досадно, потому что соревнования Формулы Дрифта — это захватывающий автоспорт, и вы можете увидеть чемпионов мира среди профессионалов в действии за небольшую часть стоимости просмотра гонок на серийных автомобилях.

Оуэн Джонс

## *К Какому Типу Автомобилей Относятся Автомобили Участвующие В Гонках «Нэскар»?*

Гонки на серийных автомобилях на самом деле возникли из-за стремления владельцев тюнингованных серийных автомобилей продемонстрировать свои тачки, мастерство владения ими и опыт вождения. Необходимость «форсировать» эти серийные автомобили возникла из желания ускользнуть от правоохранительных органов, преследовавших их, когда они занимались самогоноварением или, другими словами, торговлей запрещенным товаром.

Во времена сухого закона большое количество самогона производилось в удаленных регионах Аппалачей и, в частности, в горах Аллегейни, откуда его часто вывозили частные перевозчики на собственных автомобилях в южные штаты.

Многие из этих водителей форсировали двигатели своих машин так, чтобы иметь больше шансов спастись во время преследования полицией.

Когда в 1933 году был отменен сухой закон, какое-то время торговля запрещенным товаром продолжалась, чтобы избежать уплаты пошлины, но постепенно прекратилась. Однако огонь уже был зажжен, и водителям этих автомобилей понравилось участвовать в гонках на них в свободное время ради удовольствия и вознаграждения, особенно в южных штатах и особенно в Северной Каролине, где до сих пор находится большинство команд, участвующих в гонках серийных автомобилей.

Национальная ассоциация гонок серийных автомобилей («Нэскар») была учреждена Биллом Франсом в 1947 году, когда он разработал первый набор единых правил и систему подсчета очков в чемпионате, чтобы можно было определить абсолютного победителя всех гонок сезона.

Однако условия в первые годы были довольно суровыми. Машины обычно были подержанными и изношенными, а трасса представляла собой просто грязь и пыль. В этих условиях автомобили быстро разваливались, поэтому «Нэскар» разрешила модифицировать или усиливать конкурирующие автомобили. Также были внедрены функции безопасности для водителей. В настоящее время руководство «Нэскар» четко определяет все изменения, которые допустимы для конкурирующих автомобилей.

В наши дни было бы ошибкой называть автомобили участвующие в гонках «Нэскар» «серийными автомобилями»; это что угодно, только не серийные автомобили. Автомобили «Нэскар» сделаны вручную. Рамы таких автомобилей отличаются от рам серийных автомобилей тем, что для прочности они изготовлены из труб; для обшивки вместо жести используется листовая сталь, а блоки двигателей представляют собой просто голые блоки. Что механики делают с ними после этого, остается строго охраняемым секретом.

К безопасности водителей также относятся очень серьезно. От травм водителя защищает усиленный каркас безопасности. Прочные круглые и квадратные трубы составляют основу конструкции автомобиля, а более тонкие трубы используются в передней и задней части, чтобы поглощать удары при столкновениях, медленно сминаясь. Это так называемые зажимы, и передний зажим также позволяет двигателю упасть под автомобиль при столкновении, а не смещаться назад к водителю.

Кузова гоночных автомобилей «Нэскар» изготовить непросто, на изготовление часто уходит не менее десяти дней. Однако правила «Нэскар» охватывают общую форму кузова и содержат тридцать шаблонов, которые немного упрощают создание такого автомобиля.

Но на этом все не заканчивается. Существуют разные правила и шаблоны для разных типов гонок на разных трассах, потому что автомобили, которые участвуют в гонках на сверхскоростных трассах, отличаются от тех, которые используются для коротких трасс или гонок на выносливость.

Оуэн Джонс

## *Получение Помощи При Переделке Автомобиля*

Вы подумываете о том, чтобы самому собрать автомобиль или переделать его с помощью специального комплекта, чтобы он выглядел, скажем, как Lamborghini или Ferrari? Некоторые запасные части, такие как крылья и капот, довольно массивны, поэтому, вероятно, вам потребуется некоторая помощь, чтобы установить их на место вручную. Лучше обратиться за помощью, чем пытаться бороться в одиночку и, возможно, сделать работу некачественно.

Друзья и родственники, возможно, захотят протянуть руку помощи, но чем более квалифицированная помощь, тем лучше. Так где же вы можете найти квалифицированную помощь? Ну, а как насчет местного автомобильного клуба или раллийной ассоциации? Вы можете быть уверены, что любая помощь, которую вам там окажут, будет оказана энтузиастами и, возможно, даже экспертами.

Если вам разрешено просматривать список членов автомобильного клуба, найдите людей, которые продают автозапчасти. У них будет опыт извлечения автозапчастей из старых автомобилей, а также опыт их установки.

Именно то, что вам нужно в вашем стремлении переделать или переоборудовать свой собственный автомобиль. Возможно, вам даже предоставят скидку на покупку запчастей, которые вам потребуются для выполнения вашей задачи.

Если вам не разрешено выполнять поиск по базе данных членов, воспользуйтесь доской объявлений клуба, чтобы связаться с полезными помощниками, независимо от того, готовы вы платить за помощь или нет. Постарайтесь сделать так, чтобы ваш проект был интересным и полезным для обучения, и вы можете обнаружить, что люди выстраиваются в очередь, чтобы помочь вам.

Если вы также приобретаете запасные части, это может нарушить баланс между тем, поможет ли вам специалист бесплатно или по «стандартным расценкам», или не поможет вам вообще.

То же самое касается всех аспектов восстановления автомобиля, включая замену окон и покраску кузова. Если помощь не будет оказана немедленно, спросите комитет, есть ли у них соглашение о скидках с какими-либо местными автомобильными компаниями. У них часто есть такие договоренности, которые могут сэкономить вам сотни долларов или даже больше.

Автомобильный клуб также является отличным местом для обмена идеями. Посмотрите, как другие добились желаемого внешнего вида автомобиля, и стремитесь встретиться с владельцами таких автомобилей в клубном баре или ресторане.

Большинство энтузиастов любят рассказывать о своей работе, потому что они увлечены ею и гордятся этим. Будьте готовы слушать гораздо больше, чем говорите, и делать заметки, если это необходимо.

Автомобильные шоу - еще один источник вдохновения для вашего автомобильного проекта, и снова энтузиасты будут готовы рассказать вам, как они это сделали, если вы готовы сидеть, слушать и кивать в нужных местах. Эта информация бесценна и может легко сэкономить вам много денег на ошибках и найме экспертов.

Если ваша цель — использовать комплект для изменения формы вашего автомобиля, вы можете рассчитывать на множество рекомендаций, прилагаемых к комплекту. Однако некоторые комплекты лучше других, поэтому стоит обратиться в автоклуб за советом к другим людям о том, какой компонентный автомобиль приобрести.

Оуэн Джонс

# Как Улучшить Свой Автомобиль?

Escort 8500, также называемый Escort Passport 8500, был обновлен до Escort 8500 X50, или, если хотите, Escort Passport 8500 X50. Но обновилось не только название, новый Escort 8500 был улучшен и внутри. Escort 8500 имеет расширенный диапазон передачи данных на всех частотах радара.

Детектор с «V-настройкой» использует ультрасовременный микроволновый приемник и собственное программное обеспечение для обеспечения высокой чувствительности в обычных диапазонах радаров и диапазонах «мгновенного включения». Escort 8500 также обеспечивает большую дальность обнаружения лазеров диапазона K, а также лазеров Ка-диапазона.

Escort 8500 имеет два режима работы: «город» и «шоссе», чтобы вы всегда были полностью защищены спереди и сзади вашего автомобиля. Предупреждения подаются звуком и визуально, хотя есть также кнопка отключения звука на случай, если звуковые предупреждения вас отвлекают. Escort 8500 автоматически распознает сигналы радара и лазера в трех диапазонах, а именно в X-диапазоне, K-диапазоне и Ka-диапазоне.

Escort 8500 позволяет вам либо сохранить заводские настройки по умолчанию, либо запрограммировать устройство в соответствии с вашими собственными потребностями. Начинающий пользователь может обнаружить, что ручное программирование 8500 поначалу может немного сбить с толку из-за широкого спектра альтернатив, но, немного попрактиковавшись, почти каждый сможет научиться программировать его в первый день владения.

Однако, если у вас возникнут какие-либо проблемы с настройкой вашего Escort 8500, к нему прилагается очень информативное и практичное руководство по эксплуатации, и это даже может позволить вам сэкономить на автостраховке.

## Спутниковая навигационная система Snooper

Спутниковая навигационная система Snooper также имеет средства обнаружения стационарных и мобильных радаров контроля скорости дорожного движения с использованием технологии GPS/GPRS. Портативные системы спутниковой навигации Snooper оснащены дополнительными функциями, такими как технология обнаружения камер контроля скорости, мультимаршрутизация, TMC, Bluetooth и картографирование улиц Navteq. Спутниковые навигационные системы Snooper находятся в авангарде этой технологии уже более тридцати лет. Глобальная база данных о радарах контроля скорости дорожного движения, которые отслеживают приложения спутниковой навигации Snooper, обновляется 24 часа в сутки, 7 дней в неделю.

## Светодиодные автомобильные фары

Если ваш автомобиль или грузовик оснащен обычными фарами, вам следует рассмотреть возможность замены их светодиодными автомобильными фарами.

Светодиодные автомобильные фары намного ярче, служат намного дольше и потребляют гораздо меньше энергии, что облегчает работу аккумулятора, особенно если вы часто ездите ночью.

Если вы никогда не пользовались светодиодными автомобильными фарами, вам следует ознакомиться с ними, потому что в наши дни ими оснащены все лучшие автомобили, так зачем вам рисковать своей безопасностью?

## Автомобильные сигнализации Prestige

Если у вас прекрасный автомобиль, вы должны обезопасить его с помощью одной из самых современных автосигнализаций - сигнализации Prestige. Само собой разумеется, что если вам нравится ваша машина, то велика вероятность, что и кому-то другому она понравится. Но вы заплатили за это, а они - нет. Автосигнализация Prestige обезопасит ваш автомобиль или грузовик, обездвижив его, если кто-то попытается его угнать. Она также даст вам знать, что над вашим автомобилем работает вор.

## Замки дверей

Если вы все еще используете старую систему блокировки дверей машины с помощью ключей, вы значительно отстаете от современных технологий. Снова и снова доказывается, что даже дети могут проникнуть в машину используя замки дверей с ключом. Вот почему дорогие автомобили, такие как Bentley, оснащены биометрическими замками на дверях и биометрическим стартером зажигания. Никаких ключей от замков дверей, которые можно украсть, потерять или подделать.

Оуэн Джонс

## *Услуги По Чистке Автомобиля И Генеральной Уборке В Нем*

Услуги по мойке или чистке автомобиля, замене масла и фильтров, а также смазке чрезвычайно распространены и широко доступны во всех крупных городах Северной Америки. Однако потребители всегда ищут приемлемый сервис, предоставляющий полный спектр исключительно профессиональных автомобильных услуг.

К сожалению, существует гораздо меньшее количество мастерских по чистке автомобилей и их смазке, которые отвечают всем требованиям. Вам нужно найти ту редкую фирму по чистке и генеральной уборке, которая активно взаимодействует со своей клиентской базой, чтобы обеспечить лояльность и удержание клиентов с помощью специальных предложений и чрезвычайно привлекательных процедур для автомобилей по конкурентоспособным ценам.

Это тактика, которая обычно очень хорошо окупается. Ищите сервисы, которые смогли объединить многочисленные стандартные услуги по техническому обслуживанию автомобилей под одной крышей, чтобы обеспечить дополнительное удобство и ценность для клиентов. Часто их полный комплекс услуг включает мойку, чистку, генеральную уборку, а также экспресс-смазку маслом.

Как и многие другие потребительские фирмы в наши дни, услуги автомойки, технического обслуживания и смазки автомобилей сталкиваются с очень конкурентным рынком. Успешные фирмы по мойке автомобилей обычно имеют очень квалифицированную управленческую команду с многолетним практическим опытом работы в сфере мойки и смазки автомобилей.

Эти новые типы автомоек следующего поколения надеются преобразить процесс мойки автомобилей и обучить потребителей тому, как правильно ухаживать за своим автомобилем, мотоциклом или грузовиком.

Между тем, профессионалы в этой отрасли знают, что мойка, чистка и уборка в автомобиле важны для ухода за автомобилем. Это очень важно, особенно если автовладелец планирует продать автомобиль. Старый или подержанный автомобиль определенно не станет привлекательным для потенциальных покупателей, независимо от того, какой он модели, если его общий физический и внешний вид не очень привлекателен.

Соответственно, внешний вид подержанного автомобиля — это первая видимая и наиболее заметная часть автомобиля. Впечатления хорошие и плохие создаются только при осмотре и оценке экстерьера автомобиля. Поэтому, когда дело доходит до чистки и уборки в автомобиле, первоначальной целью всегда является тщательная мойка автомобиля или даже его покраска.

Вторым шагом при проверке автомобиля является оценка состояния колес и шин, а также колесных арок в целом. На колесах старых автомобилей обычно появляются черные отметины, вызванные накоплением смолы и тормозной пыли.

Если колеса не проходят тщательную и частую чистку и необходимую обработку воском, велика вероятность, что вам придется тратить больше времени на мойку автомобиля, когда вы это сделаете.

Третье соображение — это интерьер автомобиля. После того, как вы устранили проблемы с внешним видом, при уходе за автомобилем вам, наконец, потребуется позаботиться о салоне, хотя некоторые люди предпочитают сначала заняться интерьером.

Имейте в виду, что интерьер автомобиля является основным показателем того, как водитель использовал автомобиль и за ним ухаживал. Вот почему специалисты по чистке автомобилей всегда будут придавать этому большое значение.

Оуэн Джонс

## *Элегантный Салон Автомобиля С Регулярной Чисткой*

Многие люди часто упускают из виду чистку салона автомобиля, но стоит отметить, что большинство из нас проводят значительное количество времени внутри автомобиля в течение дня. Таким образом, регулярно находя время в напряженном графике 24/7, чтобы избавиться от пыли, мусора и грязи, вы сэкономите много времени позже при чистке интерьера.

Пылесос и пара средств бытовой химии помогут привести в порядок ваш автомобиль. Тщательная уборка становится необходимой после поездки на пляж или в места, где дети и взрослые заносят в автомобиль много грязи, однако в других случаях регулярная уборка пылесосом и вытирание пыли в салоне автомобиля помогут сохранить его в чистоте.

Было бы полезно приобрести приличный автомобильный пылесос, такой как портативный пылесос Vac N'Blo от Metropolitan Vacuum, который оснащен двумя очень полезными насадками (щелевая насадка и насадка-щетка для пыли), и использовать его получасовой чистки по выходным.

Предпочтительнее использовать пластиковую щелевую насадку, поскольку металлическая насадка может поцарапать и повредить кожаную или виниловую обивку. Эта насадка помогает проникнуть под сиденья, в узкие швы, укромные уголки и щели, а также вокруг бортиков сидений. Энергичное трение ей по ковру помогает собрать песок и крошку.

Чистка салона вашего любимого автомобиля начинается со снятия ковриков и вытряхивания их, чтобы удалить прилипшую к ним грязь. После этого соберите мусор, вытряхните пепельницу и уберите в отделениях для хранения вещей. Затем следует пропылесосить. Итак, если у вас нет автомобильного пылесоса, вы можете воспользоваться насадкой для шланга бытового пылесоса.

Используйте ее для чистки подушек сидений и щелей в местах соприкосновения подушек, основания и спинки, перед этим обязательно проверьте, нет ли под сиденьями монет и мусора.

Затем пропылесосьте пол автомобиля, включая места под сиденьями. После этого вымойте коврики и окончательно встряхните их, чтобы убедиться, что они чистые.

После этого коврики можно вернуть на прежнее место, правильно уложив их. Вполне возможно, что на ткани сидений, подушках или ковриках могут остаться пятна.

С помощью влажного полотенца нанесите небольшое количество шампуня для ковров, чтобы удалить пятно. Однако очень важно знать особенности химического продукта, который вы используете в салоне автомобиля, поэтому необходимо протестировать его на небольшом незаметном участке.

Когда вы вытрете пятна, необходимо использовать влажную губку, чтобы удалить излишки шампуня. Затем коврик следует оставить сохнуть. Для чистки кожи нецелесообразно использование шампуня для ковров. Затем вымойте окна и отполируйте их средством для мытья окон и газетой или бумажными полотенцами.

Затем пропылесосьте или уберите щеткой пыль с приборной панели и дверей. Распылите небольшое количество защитного средства для винила на влажное полотенце или тряпку и слегка протрите приборную панель, дверные ручки и весь винил. На этом чистка салона вашего автомобиля завершена.

Оуэн Джонс

## *Пятерка Лучших Автоаксессуаров*

На рынке представлены тысячи автоаксессуаров! Просто посмотрите на сайте Amazon — это шокирует! Однако, что не менее шокирует, даже удручает, так это то, что большинство из них - бесполезный мусор. Некоторые из них даже опасны.

Возьмите хотя бы лоток для соуса, который крепится к вентиляционным отверстиям, чтобы вам было легче есть нездоровую пищу за рулем! Или монитор внешней камеры с сенсорным экраном, чтобы его можно было легко регулировать во время движения...

Нет, нет и нет! Во время вождения вам следует внимательно следить за дорогой, а не искать лотки с соусом или регулировать сенсорные экраны. Предполагается, что вы должны остановить свой автомобиль, чтобы выполнить эти задачи!

Кроме того, существуют «хитрые» гаджеты... автомобильные аксессуары, которые помогут вам максимально приблизиться к нарушению закона. Я имею в виду два: 1] алкотестер, который «такой же точный, как и те, что используются полицией», и 2] лазерный детектор с обзором на 360 градусов, который предупреждает вас, когда вам грозит опасность быть пойманным за превышение скорости. Во-первых, вам не следует употреблять алкоголь, если вы за рулем, и, во-вторых, не вам грозит опасность (быть пойманным), если вы превышаете скорость, а всем окружающим. Не делайте этого!

Я предполагаю, что у вас есть незаменимый автомобильный аксессуар - аптечка первой помощи.
Итак, мой выбор лучших автоаксессуаров выглядит следующим образом:

1] ВИДЕОРЕГИСТРАТОР: я знаю, что многие новые автомобили оснащены видеорегистраторами, но это только подчеркивает, насколько полезными их считают в автомобильной промышленности. Для тех, кто не знает, видеорегистратор записывает вид с переднего (а зачастую и заднего) ветрового стекла. Это служит неопровержимым доказательством в случае аварии. Лучшие модели могут транслировать отснятый материал в Интернет и записывать, когда автомобиль угоняют или взламывают.

2] ПУСКОЗАРЯДНОЕ УСТРОЙСТВО: если ваш автомобиль не заводится или у него проблемы с зарядкой, автомобильное пускозарядное устройство очень пригодиться. Обычно такие устройства относительно небольшие, а также позволяют заряжать большинство электронных устройств. У одного, который я видел, была мощная встроенная подсветка - удобно, если вам нужно использовать устройство в темном переулке или гараже. У некоторых заряда хватает на двадцать запусков.

3] ВИРТУАЛЬНЫЙ АССИСТЕНТ: если вы поклонник Alexa от Amazon, вам, без сомнения, понравится Крис, автоматический виртуальный ассистент. Крис работает как человек-штурман, поскольку он может указывать вам направление, читать сообщения и электронную почту, принимать телефонные звонки и управлять музыкальными развлечениями. Он работает как в автономном режиме, так и в режиме онлайн.

4] УНИВЕРСАЛЬНОЕ КРЕПЛЕНИЕ: лучшее из них подойдет для любого телефона или планшета, его можно поворачивать и фиксировать в нужном положении. Большинство людей крепят их к приборной панели, и это нормально, если они не мешают вашему обзору. Это помогает превратить ваше устройство в удобную систему GPS-навигации или развлекательный центр.

5] ОСВЕЖИТЕЛЬ ВОЗДУХА: эти штуки стали довольно изощренными. Картонная сосна, свисающая с зеркала заднего вида, уже устарела. Многие крепятся к вентиляционным отверстиям в салоне автомобиля и используют сменные канистры с жидкостью. У большинства фирм есть разнообразные ароматы — немного похоже на вейпинг, но пары бесцветны. Они не только удобны, когда вы путешествуете с домашними животными, «пахнущим» пассажиром или едите в машине, но и помогут вам оставаться сосредоточенным, если вы путешествуете на большие расстояния.

Есть также занявшие второе место, которые чуть не попали в мой список, например, высокотехнологичная метка радиочастотной идентификации, которую вы можете добавить на свой брелок для ключей. Если вы потеряете ключи, вы можете позвонить туда и спросить, где они; автомобильный ремонтный комплект; автомобильный контейнер; или крючки, которые можно прикрепить к спинке подголовника каждого переднего сиденья, чтобы повесить на них сумки с покупками.

Оуэн Джонс

## *Контактная Информация*

Facebook: AngunJones
Twitter: @owen_author
Blog: Megan Publishing Services

Эта книга входит в серию из 150
руководств Оуэна Джонса «Как...».
Всю серию можно найти на многих языках
на сайте Megan Publishing Services по
адресу:
https://meganthemisconception.com